本书由国家自然科学基金项目（42077245），四川省科技厅科普项目（2021JDKP0067），成都理工大学博物馆、地质灾害防治与地质环境保护国家重点实验室、四川省社科普及基地、内蒙古研究生教育教学改革项目（JGCG2022080），成都理工大学教育教学改革研究项目（科技助力防灾减灾）共同资助

防灾避险——漫话地质灾害

崩塌

杨春燕　密文天　黄　寰／编著

团团的崩塌之旅

科学出版社

内 容 简 介

我国西南地区是地质灾害高发地区，地质灾害防治科普任务非常艰巨，根据国家《全民科学素质行动计划纲要》以及普及大众的地质灾害防治知识需要，防灾避险地质灾害科普知识十分迫切。

本册以一块岩石的视角，讲述它露出地表后，经历了崩塌地质灾害的故事。本册用简洁朴实的语言、大量实物照片、手绘图片等普及崩塌的成因、预兆、发生过程、危害，以及遇到崩塌应怎样防灾避险的科普知识。

本书可供广大青少年学生和大众阅读。

图书在版编目（CIP）数据

防灾避险：漫话地质灾害. 崩塌 / 杨春燕，密文天,黄寰编著. — 北京：科学出版社，2024.1
ISBN 978-7-03-075742-5

Ⅰ．①防… Ⅱ．①杨… ②密… ③黄… Ⅲ．①地质灾害－灾害防治－普及读物 ②山崩－灾害防治－普及读物
Ⅳ．①P694-49 ②P642.21-49

中国国家版本馆CIP数据核字(2023)第103154号

责任编辑：罗　莉／责任校对：彭　映
责任印制：罗　科／封面设计：墨创文化

科 学 出 版 社　出版

北京东黄城根北街16号
邮政编码：100717
http://www.sciencep.com

四川煤田地质制图印务有限责任公司 印刷
科学出版社发行　各地新华书店经销
*

2024年1月第 一 版　　　开本：787×1092　1/16
2024年1月第一次印刷　　印张：2 1/4
字数：150 000

定价：48.00元（全三册）
（如有印装质量问题，我社负责调换）

团团是一块岩石，在地球上存在了许多年。团团原本"住"在一座大山的"肚子"里。后来，外面的小伙伴们相继离开，最终团团露出了地表。

团团高兴地发现自己的身体表面有着美丽鲜艳的颜色，而且感觉自己变轻了，就连唱歌的声音都变大了呢。

可惜不久，团团身上鲜艳的颜色慢慢变淡。最后，有的地方变成了淡黄色，大部分变成了灰白色。团团有点担心，都不唱歌了。

一位邻居知道了缘由后，安慰团团："这都是风化作用的结果。风化作用是我们必须要经受的过程，这山上每天都有石头掉落，不用担心。你唱歌多好听呀，继续唱啊！"

什么是风化作用?

　　裸露或者近地表的岩石，在太阳的照射、雨水和冰雪霜露的侵蚀、水流冲刷、风的吹打以及各种生物作用下，逐渐发生结构、形态和成分的变化，表现为岩石破裂、破碎、疏松及组分次生变化等现象，叫做岩石风化。

未风化的白云岩

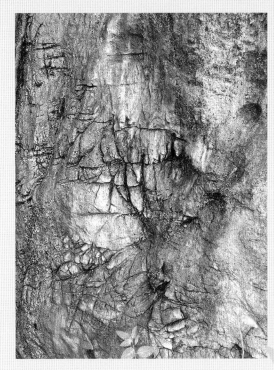

白云岩裸露地表，经过长期风化后，表面有刀砍纹

刚露出地表的时候，团团的身体表面有许多尖锐的棱角。因为常常会掉落一些小石块，团团尖锐的边缘逐渐消失。

随着小石块的剥落，团团身体表面的裂缝也会消失。可是，随着时间流逝，新的裂缝又出现了，淘气的风喜欢往裂缝中钻。

由于身上总是掉落碎片，团团变得越来越小了。它有点着急地说："哎呀！我昨天才掉了 28 块小石头，今天又掉了 32 块！"

上方的老邻居却说："很正常啊！我今天已经掉了 245 块了！"

这样看来，这几天团团身上掉落的小石块还不算很多呀！

团团的左下方，有一块马上就要掉落的小石块，这会儿正高兴地等待着掉下去呢。

团团有点好奇地问："小石块，你们这么着急离开我，是因为山下有好玩的事情吗？"

小石块却说："不是不是！我们离开你，也是因为风化作用。山下没有好玩的，你可千万别离开。你个头这么大，如果突然离开这里，就要发生地质灾害了！"

既然山下没有什么好玩的，团团也不着急下山了。

什么是地质灾害？

贵州纳雍普洒村崩塌　　　　滑坡

泥石流发生之后的路面

地质灾害是指对人类生命和财产会造成损失、对环境造成破坏的地质作用或地质现象，例如崩塌、滑坡、泥石流等。

团团问："那我们会发生地质灾害吗？"

下方的老邻居说："快了，我身上有深大裂缝了。"

上方的邻居却直接来了一场小型的地质灾害——崩塌。

石头碎块从团团身上稀里哗啦地滚了下去，有的甚至刮破了团团的表面。

上方邻居的崩塌平息后，团团感到惊奇又激动，忍不住问下方的邻居："您要参加什么地质灾害呢？"

下方的老邻居说："我们在这么陡峭的高山上，最有可能发生一场崩塌！"

上方邻居崩塌的时候，在团团身上留下了许多裂缝。调皮的雨点总是往裂缝中钻。

随着太阳升起又落下，团团经历了一次又一次的日晒、雨淋、风吹。瞧，现在团团身上长出了许多斑点，黑色、绿色、褐色、灰色……咦，这是怎么了？原来是各种苔藓和地衣在团团身上安了家。

什么是崩塌

位于又高又陡的斜坡上的岩土，突然脱离岩体后迅速掉落，向竖下方向崩落、滚动，最后堆积在坡脚（或沟谷）的地质现象，叫做崩塌。

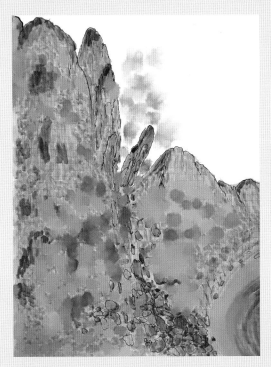

山体崩塌的瞬间

岩土在掉落和滚动过程中互相碰撞、击打地面，通常会发生不同程度的破碎。

崩塌体堆积在山脚下

　　物理风化作用是指岩石、矿物在原地发生机械破碎的过程。

　　岩石发生物理风化作用的主要原因有：1.岩石露出地表，压力突然减小；2.昼夜交替、降雨、降雪或季节变化产生的温度变化；3.风吹、雨打、流水冲刷等外力作用。

野外裸露的岩石，正在发生风化，岩石表面已破碎、松软

　　岩石在动物、植物及微生物影响下发生的破坏作用，称为生物风化作用。例如，植物在生长过程中，根系不断变大。如果植物从石头裂缝中长出，植物的根会促使石头裂缝慢慢变大。生物风化作用主要发生在岩石的表层。

植物生长与根系的变化

岩石上长出地衣

团团的身上出现了一条大裂缝。

大裂缝还在不断变深、变宽，它变得好饿好饿，吃了雨滴和雪花，吃了砂土和碎石，还吃了不知道从哪里飞来的种子。

钻进缝隙里的水，在寒冷的冬季会变成冰，把缝隙撑得更大。

知识卡片　　冰雪的风化作用

冰雪在冻结、消融过程中，体积和温度均发生变化，使得岩石产生裂缝，让裂缝变大，从而使岩石破碎、松软。

在积雪中，岩石发生破裂

下了几场淅淅沥沥的春雨后，"春天"从裂缝里长了出来。你看，有绿绿的苔藓，有活泼可爱的小虫。

团团很喜欢苔藓，因为又湿又软的苔藓成了小虫子们的快乐家园。

团团好担心可爱的小虫会被大裂缝吃掉哦！还好，大裂缝不吃小虫，小虫在苔藓家园里慢慢长大，慢慢变多。

现在的团团很快乐，因为有苔藓和其他植物，它的身上有两个"绿洲"啦！

不过，谁也想不到，在"绿洲"深处，看不见的危险正在临近，裂缝一年一年逐渐增大。

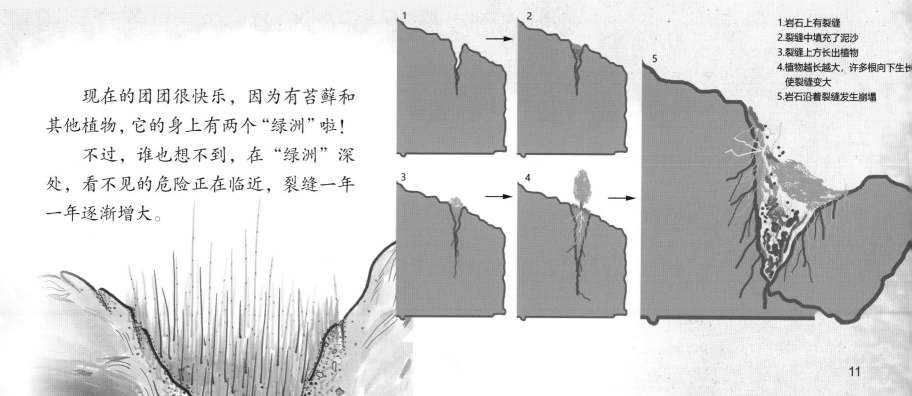

1.岩石上有裂缝
2.裂缝中填充了泥沙
3.裂缝上方长出植物
4.植物越长越大，许多根向下生长，使裂缝变大
5.岩石沿着裂缝发生崩塌

11

最大的大裂缝在团团的下方，每当刮风下雨，大裂缝里传来"咯吱咯吱"的响声。糟糕，这里快要发生崩塌了！

哪里容易发生崩塌?

1. 内部发育有裂隙的山体，有大量不稳定石块，容易发生崩塌。

2. 坡度大于 45° 的山坡，或者孤立的山嘴，岩石很容易掉落下来。

3. 悬空的岩体。

4. 凹形陡坡。

5. 坡下有崩塌物，说明曾经发生过崩塌，今后还有可能发生崩塌。

6. 河流侧切的山壁。

7. 修筑公路而被切割的山坡、挖掘矿物有空洞的山体等人类活动影响的崩塌隐患区等。

河流长期冲刷后，悬空的河岸容易发生崩塌（杨文光 摄）

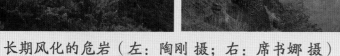

长期风化的危岩（左：陶刚 摄；右：席书娜 摄）

危岩（陶刚 摄）

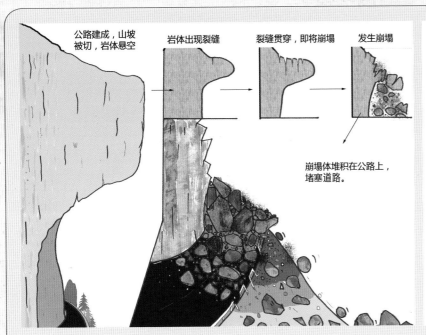

公路建成，山坡被切，岩体悬空 → 岩体出现裂缝 → 裂缝贯穿，即将崩塌 → 发生崩塌

崩塌体堆积在公路上，堵塞道路。

修筑公路切割山体引发崩塌过程示意图

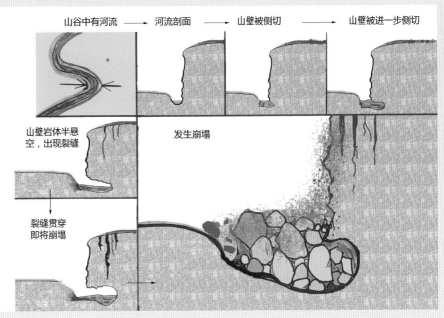

山谷中有河流 → 河流剖面 → 山壁被侧切 → 山壁被进一步侧切

山壁岩体半悬空，出现裂缝

发生崩塌

裂缝贯穿即将崩塌

河流侧切山壁引发崩塌过程示意图

知识卡片

崩塌的前兆

崩塌发生之前，崩塌体上会出现裂缝，发出一些声响，部分土石会提前滚落下来。

崩塌前的滚石

一连下了三天大雨，团团的下方发生了崩塌，下方的邻居掉了下去。这下糟了，团团变成了一块半悬空的岩石。

失去了邻居大石头后，团团下边缘的小"绿洲"没了依靠，慢慢剥落成了小碎块，离开了团团。

这样的情况发生了一次又一次。每当刮风下雨，团团下方的岩石碎片纷纷离开。而团团上方小"绿洲"里，令人担忧的"咯吱咯吱"声变得更大了。更糟糕的是，团团周围的裂缝都变得越来越大。

知识卡片　　　　什么时候容易发生崩塌？

1. 降雨过程中或者稍微延后。
2. 六级或六级以上的强烈地震及震后。
3. 危岩长期风化后。
4. 边坡经河流长期切坡后。
5. 泥石流或者滑坡发生后。

长期风化后的危岩

唉，这一天终于到来了：连续下了几天雨，"咯吱吱——嘭！"团团从陡峭的山顶掉了下去。

知识卡片

崩塌的形成过程

1. 岩土体在高处，且岩土体中出现了裂缝；2. 裂缝变大、变深，岩土体变形；3. 岩土体崩裂，岩土体掉落下来，在滚动中发生破碎，最后岩土体堆积在下方。

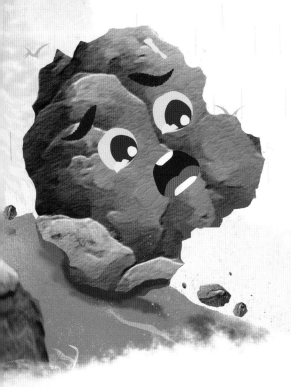

"咚隆隆！"有的地方陡，团团就滚得很快；有的地方平缓，团团就滚得慢。

团团在往下滚动中，因为东碰西撞，身上掉下来无数个碎块。

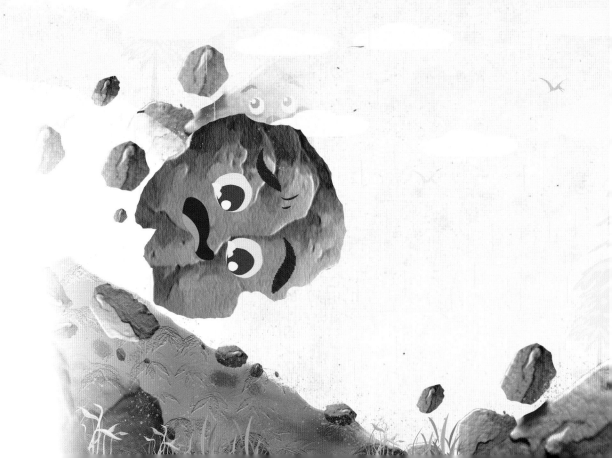

团团在往下滚动的时候，遇到了一些浑身都是"伤口"的岩石。

别担心，作为岩石，它们的伤口不但不会流血，反而颜色更鲜艳，棱角更加分明。原来，这些是刚刚经历过崩塌的岩石。

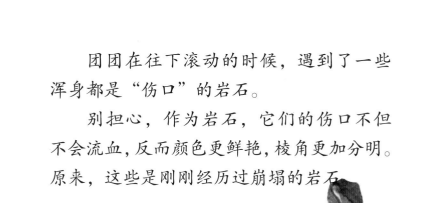

滚啊滚，跟着团团的石块越来越少，团团也变得越来越圆。

"快让开！我要撞上来了！"团团大喊着，可惜一点儿用都没有。岩石们没有脚，跑不开呀。团团轰隆隆地滚动着，和岩石们来了一次又一次的"亲密大碰撞"。

　　有的岩石软，团团把它撞碎了。有的岩石非常坚硬，撞得团团头晕目眩，在团团身上撞出裂痕，撞出碎片。

岩石的硬度

人们通常用莫氏硬度来表示岩石的硬度。莫氏硬度是用 10 种矿物代表不同硬度，是测定和比较其他矿物硬度的一种标准。按硬度从小到大的顺序，这 10 种矿物分别是：

1. 滑石；2. 石膏；3. 方解石；4. 萤石；5. 磷灰石；6. 长石；7. 水晶（石英）；8. 黄玉；9. 刚玉；10. 金刚石。数字表示其硬度等级。

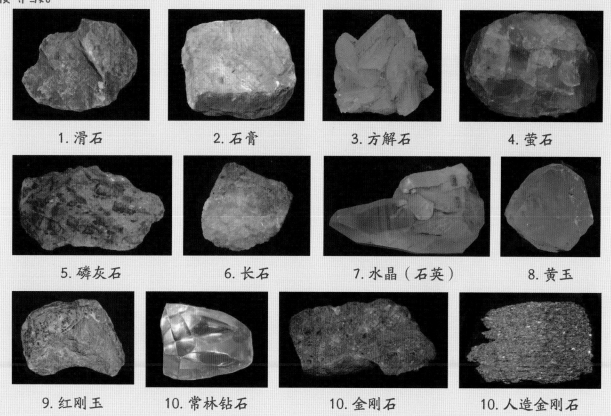

| 1. 滑石 | 2. 石膏 | 3. 方解石 | 4. 萤石 |

| 5. 磷灰石 | 6. 长石 | 7. 水晶（石英） | 8. 黄玉 |

| 9. 红刚玉 | 10. 常林钻石 | 10. 金刚石 | 10. 人造金刚石 |

在滚落过程中，团团偶尔会发现自己撞击的是绿茵茵的植物，它们可比岩石柔软多了。可是，植物们并不欢迎团团的撞击。

崩塌的危害

崩塌有许多危害，例如人畜受伤甚至死亡、堵塞公路、切断铁路、破坏建筑、毁坏农田等。

崩塌体堵塞公路

崩塌体堵塞公路，砸到经过的车辆和行人。

"咕咚隆！"团团的滚动之旅还在继续，它滚啊滚，越滚越圆，越滚越小。

"好想停下来休息一下啊！"团团滚累了。

嘿，正好，下方有一堆大石头，如果它们能挡住自己就好了，团团心想。

团团喊道："朋友们！我来了！请把我挡住！"

石头们回答："好的！"

令人遗憾的是，这些石头非但不能挡住团团。相反，团团的撞击让这些石头跟着团团一起往下滚落。

崩塌引发次生地质灾害

· · ·

崩塌发生后，极有可能引发次生地质灾害：

1. 引发崩塌：崩塌体在滚落过程中击打其他岩石，会诱发其他岩石发生崩塌。

2. 引发滑坡：崩塌体堆积在坡脚，如果坡脚处有松散堆积物，在崩塌体的压实和推挤作用下，堆积体会向下滑动，发生滑坡。

3. 引发泥石流：遇到雨水天气，崩塌体可形成泥石流。

4. 形成堰塞湖：崩塌体堆积在山谷，堵塞河道形成堰塞湖，有决堤进而形成山洪的危险。

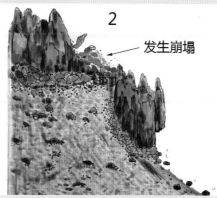

1   2   发生崩塌   3   再次发生崩塌

崩塌引发崩塌

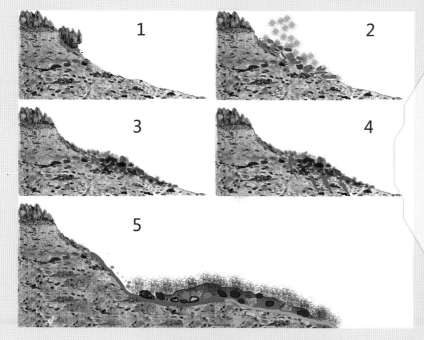

1   2   3   4   5

崩塌引发滑坡

1. 坡上有危岩，经过长期风化，危岩即将发生崩塌；

2. 危岩发生崩塌；

3. 崩塌体堆积在坡脚；

4. 在崩塌体的挤压下，坡脚处的松散堆积体内部出现裂缝；

5. 松散堆积体发生滑坡

还好，没过多久，团团被一堆更多的石头挡住了。随着一阵"轰隆隆"的响声，它开始刹车了。

团团的到来，在这一堆石头里引起了不小的骚乱，石头们相互推挤着，有一些石头滚下去了。随着骚乱的平息，团团终于停了下来。

如何躲避崩塌?

行人如何躲避崩塌:

1. 大雨或者连续雨天过后,不要在山谷中停留。

2. 有地质灾害危险警示牌的区域,应该尽量避免通行。

3. 经过陡峭的悬崖下方,要当心石头掉落,应尽量佩戴安全帽通行。

4. 遇到正在掉落碎土、碎石的陡坡,不从下方穿行。

5. 遇到危岩,不攀爬。

6. 房屋地基有垮塌隐患,要及时搬离。

车辆在行驶过程中,如何避免崩塌:

1. 经过危险路段时,要注意警示标识,若无迹象则快速通过。

2. 车辆经过鹰嘴岩、凸出岩的路段时,要观察并确认安全后,快速通过;

3. 行车途中遇到前方落石,应立即停车观察,倒车或弃车而逃。

4. 因崩塌造成堵车时,应听从交通指挥,不能强行前行。

公路上有崩落的石头

公路边的地质灾害警示牌

27

现在的团团变得很小。周围全都是石头。这些石头大大小小、五颜六色。

团团在这里安家了。这个地区经常有石头滚落，因此团团和这里的石头一样，过上了滚一滚、滑一滑、摇一摇的生活。

28

有的邻居是这里的老居民，有的邻居是团团以前居住在山顶时的老邻居。而有的邻居，是不久前才从团团身上掉落下来的。

新邻居的到来，也像当初的团团一样，会引起不小的骚动。有的大石头砸在旁边的石头上，引得团团一阵摇晃，甚至离开了原来的位置。有时候团团往下滚几十米，有时候往下滚几百米。

29

有一天，落石直接撞击了团团，两者身上都砸出一个坑。

神奇的是，落石碎片上露出了一些动物。

团团很惊讶："哦，你不是在寒武纪时生活在海里的三叶虫吗？难道，你已经适应陆地生活了吗？"

三叶虫："不不，动物的三叶虫已经灭绝了，我是三叶虫化石。"

团团仔细一看：真的，石头里露出来的"动物"，一动也不会动。

30

什么是化石？

化石是存留在岩石中的古生物遗体、遗物或遗迹。化石是人们认识远古动物的主要依据。通过化石，人们可以认识地球历史上动物、植物的演化过程，还可以了解古生态和古环境的特点。博物馆是收藏和展示化石的重要场所，常见的化石有三叶虫、石燕、菊石、珊瑚、鱼等，而恐龙是最受观众喜爱的化石之一。

产自江西的恐龙蛋化石

成都理工大学博物馆展出的头足类化石

三叶虫化石

除了三叶虫化石，有时候在碎石的断面上，团团也会看到晶莹透亮的水晶。

知识卡片　　　什么是水晶？

　　透明的石英结晶体就叫水晶，在矿物学上属于石英族，主要成分是二氧化硅。水晶有无色、粉色、绿色、紫色、茶色等许多颜色。陕西产出的粉色水晶，称为芙蓉石。有的水晶中含有头发丝状的金属矿物，称为发晶，深受人们喜爱。以下图片中的水晶均藏于成都理工大学博物馆内。

发晶

芙蓉石

白色水晶晶簇

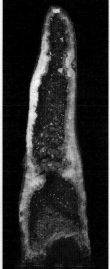

紫色水晶晶洞

有的石头更奇特，表面黑黢黢的，破碎后却会露出鲜艳的祖母绿或者其他的宝石。"我的身体里面会不会也有亮晶晶的宝石呢？"团团自言自语。

什么是祖母绿？

　　祖母绿是一种名贵的绿色宝石，实际上是宝石级的绿色的绿柱石。绿柱石主要产于花岗岩伟晶岩中，是含有铍、铝的硅酸盐矿物，摩氏硬度为7.5~8。淡蓝色的绿柱石叫海蓝宝石，与祖母绿一样，是人们用来制作高级珠宝饰品的材料。

祖母绿原石

海蓝宝石原石

一天，一块大石头从天而降，重重地砸在团团身上，把团团砸碎了好大一块。

团团急忙查看自己的碎块，希望找到一个水晶，或者一个祖母绿。

可是，团团看得眼睛酸胀，也没有找到一点水晶，更没有什么祖母绿。

经过多年风吹雨打，团团尖锐的边缘逐渐消失，位置也发生了变化，团团的崩塌之旅结束了。

在这个山坡上，将发生一场惊心动魄的滑坡，你想知道团团又有什么奇遇吗？请翻看下一册。